L'AGRICULTURE

FRANÇAISE

DEVANT L'ENQUÊTE

CONSIDÉRATIONS ÉCONOMIQUES

SUR LES CAUSES DES SOUFFRANCES DE L'AGRICULTURE.

SOLUTIONS PROPOSÉES

P. TOCHON

ANCIEN ÉLÈVE DE GRIGNON

Propriétaire agriculteur à la Motte-Servolex (Savoie)

CHAMBÉRY

TYPOGRAPHIE A. POUCHET ET COMPAGNIE, PLACE SAINT-LÉGER, 29

1866

Considérations économiques

SUR LES CAUSES DES SOUFFRANCES DE L'AGRICULTURE.

SOLUTIONS PROPOSÉES.

Des publicistes de mérite ont parlé, d'une voix autorisée, des souffrances de l'agriculture française : leurs travaux, basés sur les statistiques que recueille et publie le gouvernement, ont fait connaître que la production de quelques denrées agricoles, surtout celle des céréales, marche plus vite que la consommation, et que malgré une exportation toujours croissante de nos blés en Suisse, en Italie, en Allemagne, en Belgique et surtout en Angleterre, la surabondance des grains disponibles produit une baisse sur le prix de cette denrée et porte un grave préjudice à nos intérêts agricoles.

Ces faits, que personne ne conteste, ont attiré l'attention du souverain, des grands corps de l'État, de tous les hommes qui ont pour mission de sauvegarder les intérêts de notre famille agricole avec ses 20 millions de travailleurs attachés à ce sol qui représente la richesse la plus réelle de la France.

En décrétant une enquête, l'Empereur n'a pas voulu seulement témoigner l'intérêt qu'il porte à cette question d'actualité, il a eu surtout en vue de faire étudier à fond les problèmes qui doivent concourir à la prospérité de notre industrie agricole.

Il ne s'agit pas seulement aujourd'hui de connaître la cause de l'avilissement du prix de certains produits de la terre ; l'enquête a un champ plus vaste où doivent se débattre et se résoudre toutes les questions qui intéressent directement ou indirectement la prospérité et l'avenir de notre agriculture.

Quel que soit le résultat de l'enquête, qu'elle témoigne de l'état de souffrance ou de prospérité de nos cultivateurs, elle nous aidera à trouver la voie que nous devons suivre, les produits que nous devons préférer pour satisfaire aux besoins de l'intérieur et de l'exportation.

Puis enfin, et surtout, elle fera ressortir le concours que doit prêter l'Etat pour assurer la prospérité et la marche progressive de l'agriculture française.

On le voit, le but de l'enquête est grand, est élevé; elle sera féconde en résultats, si chacun de nous apporte à l'étude des questions si diverses qui s'y rattachent tout le soin qu'elles méritent.

Ami de mon pays, désireux de contribuer de tous mes efforts à la solution pratique des faits qui se lient à l'enquête, je vais essayer, dans le travail qui va suivre, de résoudre divers problèmes qui se rattachent à l'économie agricole et qui sont considérés comme la cause première des souffrances de l'agriculture.

J'étudierai ensuite en quoi consistent ces souffrances, quelle en est la cause réelle; puis je chercherai le moyen d'empêcher leur retour et d'assurer l'avenir de cette importante industrie.

§ 1.

Étude des causes qui ont occasionné les souffrances de l'agriculture.

L'étude des causes qui ont occasionné les souffrances de l'agriculture partage les organes de la presse agricole en deux camps, dans lesquels se groupent les protectionnistes et les libres échangistes.

Les premiers attribuent les souffrances de l'agriculture aux modifications apportées en 1861 à la loi qui régissait l'importation en France des céréales de provenance étrangère. Jusqu'alors les blés payaient à leur entrée un droit qui était mobile, c'est-à-dire plus ou moins élevé, selon les prix que les céréales obtenaient sur nos marchés de l'intérieur.

Les droits d'entrée, basés sur l'échelle mobile, avaient de graves inconvénients dans leur application. Dès 1861, en révisant les tarifs des douanes, on les avait remplacés par un droit fixe de 50 centimes à 1 franc par 100 kilos, selon que cette denrée était amenée dans nos ports par des navires français ou étrangers ; aujourd'hui le droit est uniformément de 50 centimes.

Les partisans d'une protection continue trouvent le nouveau tarif insuffisant pour éloigner de nos marchés les blés étrangers et sauvegarder les intérêts de nos producteurs.

A l'appui de leur opinion, ils ont cherché le prix de revient d'un hectolitre de froment sur le sol de la France, puis ils l'ont comparé à celui des blés qui nous sont amenés surtout du port d'Odessa; ils ont trouvé que ces derniers peuvent être rendus sur nos marchés à des prix de revient inférieurs aux nôtres, et nous faire une concurrence qui avilit les prix.

Les protectionnistes les plus modérés pensent qu'avant de prendre une mesure aussi radicale on aurait dû préparer notre agriculture et se passer de toute protection, le nouveau droit de 50 cent. par 100 kilos équivalant au libre-échange le plus large.

Pour être fondé à attribuer les souffrances de l'agriculture au seul abaissement des droits protecteurs anciennement établis et en demander le rétablissement, il faudrait qu'il fût reconnu que la proportion qui existait entre les importations et les exportations de la France a été changée, que l'importation a augmenté et l'exportation diminué : or, en étudiant les données officielles que nous fournit la statistique avant et après le traité du 15 juin 1861, on trouve que rien de pareil ne s'est produit et que jamais l'excédant de nos exportations sur les importations ne s'est élevé si haut qu'en 1865.

Les considérations sur lesquelles on s'appuie pour demander le rétablissement d'un droit protecteur ne paraissent pas mieux fondées.

En effet, si réellement les blés étrangers sont produits à un prix exceptionnellement bas, ils pourront toujours arriver sur le sol français, et quelque soit le prix de nos mercuriales, ils devraient en tout temps inonder nos marchés.

Par le même motif, il nous sera de toute impossibilité de conduire nos denrées sur les marchés étrangers qu'ils fréquentent, sans nous exposer à vendre en perte s'il leur plaît de nous faire concurrence.

Malgré mon désir de ne pas surcharger ce travail de chiffres, il me paraît indispensable de placer sous les yeux du lecteur un tableau qui résume les prix moyen des cinq dernières années et le chiffre total des importations et des exportations de la France en grains et farines :

Années.	Prix moyen de l'hectolitre de froment.	Importations quintaux de °/° k.	Exportations quintaux de °/° k.
1861	24,55	11,701,739	1,887,030
1862	23,24	6,034,495	2,130,758
1863	19,78	3,819,879	2,623,934
1864	17,58	2,679,910	3,363,991
1865	16,41	2,155,565	6,650,940

Il est nécessaire d'observer que dans les importations se trouvent comprises les provenances de l'Algérie : leur importance diminue dans de larges proportions le total des importations.

Il résulte du tableau qui précède, qu'en 1861, année de la signature du traité de commerce, nous avons vu arriver sur nos marchés une grande quantité de blés étrangers pour combler nos déficits ; qu'en 1862 et 1863 les cours s'étant maintenus élevés, les importations ont dépassé les exportations, et qu'enfin en 1864 et 1865 les exportations ont dépassé les importations.

Il ressort encore de ces chiffres qu'aussitôt que nos blés tombent au-dessous de 20 fr. l'hectolitre, l'importation diminue et l'exportation augmente.

En suivant les conséquences de ces faits, on arrive à conclure que les pays étrangers qui fournissent ordinairement nos marchés n'obtiennent pas leurs blés à des prix aussi bas qu'on le dit, puisqu'ils diminuent leur apport aussitôt que le froment atteint un prix que nous considérons encore comme rémunérateur, et que nous pouvons leur faire concurrence sur les marchés où ils livrent le plus économiquement leurs denrées, sur les marchés anglais, par exemple, qui nous ont pris en 1865 en chiffres ronds cinq millions d'hectolitres de blé.

La crise agricole qui s'est produite en France en 1864 et qui s'est prolongée jusqu'à ce jour ne peut donc être raisonnablement attribuée à l'abaissement du droit d'entrée sur les céréales de provenances étrangères; sans doute et nul ne peut le contester, un droit de 2 fr. par $^{0}/_{0}$ kil. de froment aurait éloigné de nos marchés bien des blés qui y sont entrés et aurait facilité l'écoulement de ceux de notre sol; mais à côté de nos froments nous avons d'autres céréales, d'autres produits agricoles et manufacturiers qui demandent pour s'écouler le concours de l'étranger et qui servent pour ainsi dire d'échange aux blés qu'on nous apporte.

Du reste, quand tous les peuples marchent à l'envi vers le libre-échange, la France qui occupe un rang si élevé parmi les nations et qui s'est mise à la tête de cette réforme, pourrait-elle revenir à un état de choses qui serait un palliatif bien impuissant dans les années d'abondance et qui détournerait de nos côtes les navires habitués à nous approvisionner lorsque des récoltes insuffisantes nous rendent forcément tributaires de l'étranger?

§ 2.

La crise agricole qui pèse sur la France est due à l'abondance de plusieurs récoltes successives et au manque de débouchés suffisants à l'intérieur et à l'extérieur.

En étudiant l'état agricole actuel de la France, on reconnaît que la surface cultivée en froment s'étend, que la moyenne du rendement augmente, que la population reste sensiblement stationnaire, que l'exportation des céréales, quoique allant en augmentant, sera toujours très limitée ; qu'enfin la consommation intérieure n'a pas sensiblement augmenté.

Ces faits ressortent du tableau suivant :

Années.	Surface cultivée en froment. Hectares.	Rendement moyen.	Produit total annuel. Hectolitres.
1815	4.591.677	8,59	39,442.260
1825	4.854.159	12.57	61.015,758
1835	5,338,043	13.43	71,639,917
1855	6.419,330	11 »	70.612,630
1861	6,854,227	11,22	75,116,287
1862	6.881,013	14.42	99,292,224
1863	6.918.768	16.88	117.781.794
1864	6,839.073	16.16	111,273.018
1865	6,891,440	13.85	95.431,028

Ce tableau s'explique de lui-même; il constate que les surfaces cultivées en froment se sont accrues de 1815 à 1865 de 2.299.763 hectares, soit en chiffres ronds de 46,000 hectares par an ; que la moyenne du rendement a été portée de 8 hectolitres 9 centilitres à 15 ; que la production totale du blé s'est plus que doublée, et qu'enfin la population ne s'est accrue pendant la même période de temps que d'un sixième.

On calcule que la population de la France, qui était de 37.282,225 habitants au dernier recensement, consomme deux hectolitres de froment par tête, et qu'en y ajoutant les semences la consommation intérieure s'élèverait en chiffre rond à 95 millions d'hectolitres. La production actuelle de la France aurait ainsi laissé disponible : en 1862 4 millions d'hectolitres :

1863	21	»	»
1864	16	»	»
soit pendant ces trois années.	41	»	»

L'an 1865, quoique de production moyenne, ayant suffi pour alimenter l'intérieur, cette quantité considérable de blé n'a été réduite que de 6 ou 7 millions d'hectolitres exportés ; le reste, encore disponible, pèse sur nos marchés et avilit les prix.

Cette surabondance d'un produit encombrant, d'une conservation difficile et limitée, d'un transport onéreux, qui n'a pas un débouché assuré, est la véritable cause des souffrances de notre agriculture ; il ne faut pas la chercher ailleurs.

Du reste, cet état de choses n'est pas près de finir ; et maintenant que l'agriculture française a assis sa production sur des bases solides, tout fait espérer que les rendements moyens se maintiendront et suivront leur marche progressive. Ce n'est donc plus une crise ordinaire que nous traversons ; c'est une condition économique qui change ; c'est un excédant à peu près normal de blé qu'il faut trouver moyen d'écouler ou qu'il faut cesser de produire ; car il est aujourd'hui bien démontré que l'exportation unie à la consommation intérieure de l'empire n'absorbe que partiellement nos récoltes dans les années d'abondance.

§ 3.

Pour décombrer nos marchés, il faut s'assurer des débouchés nouveaux, augmenter la consommation intérieure, réduire nos cultures de blés.

De quoi se plaignent nos agriculteurs? du bas prix du blé, leur principale production, bas prix occasionné par d'abondantes récoltes qui ne trouvent pas un écoulement facile.

Evidemment cet état de choses engendre quelquefois des souffrances, mais toujours la gêne ; d'abord, parce que l'augmentation du rendement n'étant pas la même dans toutes les régions et les prix tendant à s'uniformiser, celui qui a une récolte médiocre ne vend pas plus cher que celui qui en a une abondante ; puis encore, et surtout, parce qu'on ne trouve pas des acheteurs de tous les blés disponibles et qu'il faut baisser le cours moyen pour vendre quand on y est forcé.

Pour absorber ces excédants, il faudrait à la France un débouché sans limites.

L'Angleterre, qui est à nos portes, a un déficit annuel de 18 à 30 millions d'hectolitres de froment ; elle pourrait à elle seule nous enlever la surabondance de nos récoltes, mais ses relations commerciales avec la Russie, la Turquie et d'autres peuples, grands producteurs de froment, l'amènent à faire des échanges avec eux, et, jusqu'à ce jour, elle ne nous a demandé que des quantités relativement restreintes de blé. Ses achats s'élèvent à mesure que nos prix baissent, et pour la première fois en 1865 elle nous a pris 4,688,781 hectolitres, soit le sixième de ses achats.

Nul doute que ses demandes augmenteraient dans de larges proportions, si nous arrivions à réduire nos prix de revient et à lui livrer nos blés, qui sont de qualité supérieure, aux mêmes conditions que la Turquie et la Russie.

D'après un rapport de M. de Butenval, lu au Sénat dans sa séance du 11 mai passé, le prix de revient d'un hectolitre de blé, provenant des pays le plus avantagés, serait de 18 francs débarqué à Marseille, et il doit en être ainsi, car, comme nous l'avons établi plus haut, aussitôt que le prix moyen descend au-dessous de 20 francs, les arrivages diminuent. Il ne resterait donc plus qu'à savoir si la France peut produire avantageusement à ce prix. Si elle le peut, elle aura un débouché toujours ouvert sur l'Angleterre ; si au contraire le prix de 18 francs n'est pas rémunérateur pour notre agriculture, la France doit chercher à produire à meilleur marché ou abandonner une culture qui ne lui donne que des pertes.

Le débouché le plus avantageux que puissent trouver nos producteurs de céréales est sans nul doute celui qui s'opère dans le sein même de la France ; nous avons vu que jusqu'à ce jour elle n'absorbe pas au delà d'une récolte moyenne ; mais cette consommation peut et doit augmenter dans de larges proportions, à mesure que la richesse nationale se développera.

Les grands producteurs sont de grands consommateurs, et le jour où nos campagnes auront atteint le degré de perfection qui fait la richesse de la Suisse et de la Belgique, nos produits agricoles auront trouvé leurs consommateurs naturels.

La France ne produira en effet ni trop de blé ni trop de vin commun, lorsque les 20 millions de cultivateurs qui exploitent son sol seront arrivés à ne consommer que du pain de froment, à se nourrir habituellement de viande et à s'abreuver sans excès des vins communs que nous produisons en abondance ; malheureusement les progrès qui se réalisent si rapidement dans l'industrie sont bien longs à se produire en agriculture, et il est à craindre que longtemps encore, plus d'un tiers de nos populations agricoles continue à se nourrir d'un pain commun de seigle, de maïs, de sarrasin, et même d'orge et d'avoine, à s'alimenter presque exclusivement de légumes et à s'abreuver d'eau. Nos efforts doivent tendre à changer cet état de choses, et alors la France aura trouvé un débouché sans limites à ses produits.

L'agriculture française a de tout temps été basée sur la production des céréales ; la préférence donnée à cette culture avait sa raison d'être dans l'insuffisance de ses ressources en grains pour alimenter sa population.

L'assolement biennal et triennal, longtemps suivi et encore maintenu de nos jours sur une bonne partie de notre territoire, produisait exclusivement pour satisfaire au premier besoin de l'homme, le nourrir.

En remontant au commencement du XVIIIe siècle, on trouve

que la moyenne du rendement était de 2, 3, 4 au plus pour un de semence : il n'y avait pas à craindre alors que la France fût obligée de chercher hors de son territoire un débouché à ses céréales ; elle était même habituellement tributaire de l'étranger.

Dès lors, nous l'avons vu, ses surfaces cultivées ont doublé d'étendue ; la moyenne des rendements s'est triplée, et on en arrive à se demander si le moment n'est pas venu de modifier ce système de culture à céréales qui a eu sa raison d'être jusqu'à ce jour, mais qui menace de devenir un embarras pour nos agriculteurs.

Dans l'industrie, on produit pour satisfaire les besoins d'abord de l'intérieur, puis du commerce d'exportation, et du moment que l'objet manufacturé ne trouve plus un écoulement facile et avantageux, le manufacturier cherche à utiliser d'une manière plus conforme à ses intérêts ses instruments de travail, ses capitaux, et s'il arrive à trouver un autre objet peu offert et souvent demandé, il agence sa fabrique pour la produire.

L'agriculture doit s'inspirer des mêmes idées que l'industrie et ne produire que dans le sens des besoins locaux ou étrangers, ne fabriquer que ce qu'elle peut écouler avantageusement sur le marché le plus rapproché possible.

Appliquant ces principes à ce qui se passe aujourd'hui, on reconnaîtra que la France, pouvant suffire à ses besoins en blé avec une récolte moyenne et ayant assis son agriculture sur des forces productives qui assurent un accroissement continu de récolte, elle aura habituellement une surabondance de froment.

Si, comme on veut l'établir, l'exportation dans les conditions actuelles n'est pas rémunératrice, si nos blés ne peuvent soutenir une concurrence avantageuse aux blés étrangers, il faut dès ce jour cesser d'accroître la surface consacrée à la culture des céréales, même réduire celle qui déjà lui est attribuée et chercher à produire une autre denrée plus demandée et moins offerte sur nos marchés.

En consultant la statistique des importations et des exportations de la France, on trouve que notre pays, qui se nourrit jusqu'à ce jour surtout de légumes, demande à l'étranger pour 450 millions de bétail, et qu'en 1865, par exemple, on a importé 101,574 têtes de l'espèce bovine ; 395,478 têtes de l'espèce ovine et caprine ; 71,195 animaux de tout âge de l'espèce porcine.

Les exportations pendant cette même année se sont élevées à peine à 1/10e du chiffre que nous venons de donner.

Il nous semble qu'en présence de ces résultats notre agriculture a une voie toute tracée, réduire la surface consacrée aux céréales et agrandir les prairies. La richesse agricole a tout à gagner à ce changement, puisque en augmentant les fourrages, on pourra entretenir plus de bétail et on produira plus d'engrais; cet engrais, répandu sur une surface moins étendue, accroîtra la fécondité, élèvera la moyenne du rendement et diminuera le prix de revient.

La surface cultivée étant réduite, on aura besoin de moins de main-d'œuvre qui devient rare et chère partout ; enfin on produira une denrée dont on trouvera un écoulement facile sur nos marchés, aujourd'hui tributaires de l'étranger, en conservant à la France son approvisionnement normal en céréales.

En agissant ainsi, on satisfera à la loi économique qui veut qu'on produise pour les besoins les plus immédiats du marché et qu'on proportionne l'offre à la demande : c'est le seul moyen de produire utilement.

Dans les trois paragraphes qui précèdent nous avons recherché les véritables causes des souffrances de l'agriculture ; nous avons étudié le moyen d'empêcher le retour de ces crises si nuisibles aux intérêts de nos campagnes; il nous reste à indiquer le concours que peut prêter l'Etat à la solution de cette importante question.

§ 4.

Pour sortir de la crise qui pèse sur l'agriculture et empêcher son retour, elle a besoin du concours de l'Etat.

L'agriculture française n'est pas ancienne, son émancipation ne remonte pas au delà de 1789 ; jusqu'à cette époque encore rapprochée de nous, la propriété foncière était réunie entre les mains du roi, de la noblesse et du clergé ; le tiers-Etat et le peuple ne la possédaient qu'à titre révocable.

En passant entre les mains de tous ceux qui purent se la procurer, la terre devenait la matière le plus facilement imposable ; aussi lui a-t-on attribué des charges assez lourdes qui dès lors se sont considérablement augmentées.

Parmi ces impôts, les uns ont frappé la terre d'une manière continue, tels que l'impôt foncier, les prestations en nature, etc. ; d'autres ne pèsent sur le sol qu'accidentellement lorsqu'il change de propriétaire ou d'exploitant ; ce sont les droits de mutation, de succession, d'enregistrement de baux à ferme, d'obligations et d'hypothèques ; enfin il se fait des prélèvements sur les produits du sol sous le nom de droits réunis, d'octroi, etc.

Ces charges si lourdes, qui constituent les principales ressources de l'Etat, ont constamment eu pour effet de classer la terre dans les placements à *petit revenu*. Cependant, comme dans le principe, on mettait une certaine importance à la possession du sol, que les valeurs mobilières étaient rares, les emprunts de l'Etat limités, la faveur s'était attachée à la terre ; on voulait être propriétaire, on aspirait à avoir une partie de sa fortune assise sur le sol ; on l'achetait, on lui prêtait avec confiance, c'était le placement du père de famille, qui ne croyait bien assurée la dot qu'il confiait à un gendre qu'autant qu'elle était hypothéquée sur un bien-fonds.

Il n'en est plus de même aujourd'hui ; on a besoin de forts revenus pour satisfaire au luxe croissant de notre époque, et la terre rend peu et la terre ne peut servir de forts intérêts. Qu'en résulte-t-il? on l'abandonne pour lui préférer des valeurs sans garanties, promettant des dividendes souvent illusoires et des primes pleines d'espérance.

La ruine se trouve souvent au bout de ces illusions, mais on oublie ceux qui cachent leurs déceptions, et ils sont nombreux, pour ne voir que les rares exemples de ceux qui réussissent.

Il résulte de cet état de choses que les capitaux s'éloignent de la terre et que leur rareté s'oppose à toute espèce d'amélioration foncière.

Mais, dira-t-on, l'industrie, sœur cadette de l'agriculture, prospère, comment s'expliquer les souffrances de cette dernière?

En étudiant la position créée à l'agriculture et à l'industrie, qui sont les forces productives de la France, on trouve sans peine que l'industrie a joué le rôle des cadets de famille qui ont toutes les caresses des grands parents.

A peine sortie des entraves qui avaient retardé son développement, on s'empresse de faciliter sa marche progressive en lui donnant un code de commerce, en créant la Banque de France, qui met à sa disposition des sommes considérables, de l'argent à bon marché. Pour elle on parcourt les océans, on fonde des colonies, on fait des traités de commerce pour lui assurer des débouchés, et des flottes puissantes protégent partout nos nationaux, qui vont ouvrir à l'industrie de nouveaux placements.

Que n'a-t-on pas fait de nos jours pour elle! La France s'est couverte d'un réseau de chemins de fer, de canaux qui apportent économiquement à nos manufactures la houille, les matières premières, et transportent partout les produits de nos fabriques.

Il y a peu d'années, la Chambre des députés s'est associée aux généreuses idées du Souverain en votant un prêt de 200 millions à l'industrie.

De tout temps de nombreuses écoles spéciales ont formé des ingénieurs, des mécaniciens, des chefs d'atelier habiles et instruits.

Chaque jour, les hommes qui font prospérer l'industrie, qui agrandissent ses ressources, reçoivent des distinctions qui signalent leurs inventions et récompensent leurs efforts.

On le voit, l'industrie n'a rien à désirer, rien à demander; l'Etat a tout fait pour elle. En est-il de même de l'agriculture? C'est ce que nous allons étudier.

Pour se développer dans de bonnes conditions et produire économiquement, l'agriculture a besoin des mêmes ressources que l'industrie ; il lui faut les voies de communication dont cette dernière se sert, et de plus un réseau complet de chemins vicinaux pour transporter à bon marché ses engrais, ses récoltes et tous les produits du sol.

Pour faire disparaître la routine, pour marcher d'un pas assuré dans la voie des améliorations, l'agriculteur a besoin d'une instruction solide.

En présence de la rareté, de l'enchérissement et des exigences de la main-d'œuvre, l'agriculteur doit pouvoir se procurer des machines, modifier son système de culture, acquérir du bétail, etc., etc., et pour le faire il doit disposer d'un capital suffisant, être à même de se le procurer à des conditions peu onéreuses.

Si l'agriculture pouvait se mouvoir dans le cercle que nous venons de tracer, elle n'aurait à son tour rien à demander à l'Etat ; mais, sans oublier les efforts tentés en sa faveur, on peut dire que ce qu'il reste à lui demander est plus considérable que ce qu'on a fait.

Tous les gouvernements qui se sont succédé ont reconnu que la véritable force, que la richesse de la France repose sur le bien-être agricole ; aussi voyons-nous que le premier soin de Napoléon Ier a été de constituer la propriété sur des bases solides en publiant le Code civil. Ce législateur devait le faire suivre d'un code rural; de malheureuses circonstances politiques l'ont empêché de mettre la dernière main à son œuvre, et nous l'attendons encore aujourd'hui.

Ce code rural aurait en ce moment une haute portée si, modifiant sur certains points, d'une part la tutelle imposée au propriétaire, d'autre part les garanties exagérées qu'on a voulu lui accorder, on parvient à donner une base certaine et solide au *Crédit agricole* qui n'a pu se constituer dans les conditions que lui fait la législation actuelle.

De quoi se compose en effet le *Crédit agricole*, sinon de la possibilité où se trouvent le propriétaire et l'exploitant de se procurer les ressources pécuniaires dont ils ont besoin, de se les procurer à des conditions en rapport avec la sûreté des garanties qu'ils offrent au prêteur.

Or qu'arrive-t-il maintenant? Bien que le sol soit la garantie la plus solide qu'on puisse offrir, c'est lui qui paie les intérêts les plus onéreux; le prêt hypothécaire est le seul qui lui soit ouvert, il se règle au 5 %; mais si le prêt est fait pour un court terme et qu'on répartisse les frais qu'occasionne le titre de prêt sur 2 ou 4 ans, on arrive à avoir de l'argent au 6 et le plus souvent au 7 %, et comme la propriété ne rend que le 2 1/2, 3 ou 3 1/2 au plus, un emprunt basé sur la valeur de la moitié du fonds absorbera le revenu du tout.

Les prêts opérés à long terme par le Crédit foncier sont presque aussi onéreux que ceux faits par acte ordinaire, ils sont même à peu près impossibles dans la majeure partie de la France où le régime dotal est en pratique. Du reste, depuis que les capitaux trouvent des placements avantageux dans les valeurs mobilières, ils ne prêtent que peu de secours aux propriétaires fonciers.

Si du propriétaire nous passons au fermier, au métayer, on trouve que les restrictions du Code civil en faveur du propriétaire lui interdisent toute espèce d'emprunt.

C'est dans cette classe intéressante et nombreuse de notre

population rurale que l'absence de crédit se fait le plus sentir; il leur faut des avances pour fumer, cultiver, semer et récolter; ils en ont besoin comme engraisseurs, pour transformer un animal maigre en bête de boucherie. Ces avances peuvent être réalisées dans trois, six ou neuf mois, lors de la récolte, en livrant les animaux au marché, et tout le monde les leur refuse, ou s'ils en obtiennent, c'est à des conditions tellement onéreuses qu'ils doivent abandonner la majeure partie de leur bénéfice au prêteur.

Il faut donc le reconnaître, l'agriculture française manque de crédit, et c'est là ce qui entrave surtout ses progrès. Ni le Crédit foncier, ni le Crédit agricole n'ont répondu au but que s'était proposé leur auteur: leur influence ne s'est fait sentir que d'une manière tout à fait insuffisante dans nos campagnes où ils sont à peine connus de nom. Fonder le Crédit agricole sur des bases solides est une création du plus grand intérêt, qu'on doit se hâter de mener à bonne fin, si on veut concourir d'une manière efficace au développement de l'agriculture française.

Instruire, c'est moraliser, et tout le monde reconnait que l'instruction est aujourd'hui une nécessité; mais pour hâter le progrès, il faut plus que ces notions élémentaires de lecture et d'écriture qu'on puise dans les écoles communales, et cependant plus de la moitié des habitants de nos campagnes en sont encore privés.

Il est de notre devoir de reconnaitre ici que des efforts puissants ont été mis en œuvre depuis 1852 pour hâter le moment où cet obscurantisme agricole disparaitra de la France.

Ces efforts n'ont point été limités à l'instruction primaire; on a fondé des écoles supérieures d'agriculture qui ont produit des professeurs de mérite, des agriculteurs instruits, des écrivains de talent.

L'instruction agricole secondaire pour former des hommes de service, des agents d'une exploitation, des maitres-valets, des jardiniers, n'a point été oubliée; on a créé des fermes-écoles où, avec le concours de l'Etat, des jeunes gens reçoivent une solide instruction théorique et pratique.

Il serait à désirer que cette institution, aujourd'hui encore limitée, s'étendît à tous les départements de l'empire.

Enfin des encouragements sérieux sont donnés depuis l'empire aux agriculteurs de tous les rangs dans les concours régionaux, et surtout dans les comices qui, plus divisés et plus nombreux, étendent leur heureuse influence dans tous les rangs de nos populations agricoles.

Si l'instruction est nécessaire pour constituer le crédit, il faut, pour le maintenir, que la production qui en est l'objet soit avantageuse.

Or, pour produire économiquement en agriculture, il faut de bonnes et nombreuses voies de communication.

La France est couverte d'un réseau de routes impériales, de routes départementales, de chemins de grande vicinalité qui ne laissent rien à désirer; il n'en est pas de même des chemins d'un ordre inférieur, qui jouent cependant un si grand rôle dans la production agricole.

La plupart des chemins de petite vicinalité entretenus de loin en loin par des prestations insuffisantes sont dans un état déplorable ; tout est à faire de ce côté, et l'Etat seul, qui déjà est entré dans cette voie, peut par de larges subsides hâter l'amélioration d'un état de choses qui occasionne un préjudice journalier à notre agriculture.

On le voit, tout a été entrepris et mené à bonne fin pour l'industrie: tout est à achever, tout est à faire pour l'agriculture : l'instruction est incomplète, la petite vicinalité qui l'intéresse spécialement est à créer, le crédit agricole n'existe nulle part et cependant c'est l'agriculture qui supporte les plus lourdes charges de l'impôt, qui paie toujours et pour tout.

Le propriétaire, le cultivateur paie pour acquérir, pour hériter, pour louer, pour tirer parti de la terre; il paie pour le sol qu'il arrose de sa sueur, pour le jour qu'il prend, pour la maison qu'il habite, pour la récolte qu'il obtient, pour le chemin qu'il se fatigue à parcourir.

M. le comte de Beaumont s'est chargé, dans la discussion de l'adresse, de traduire en chiffres les conséquences de cet état de choses.

Depuis 1789, date de l'émancipation de la propriété jusqu'à nos jours, les produits de l'agriculture ne se sont accrus que de 33 p. % tandis que dans le même laps de temps, l'industrie les a portés de 1 à 50, de 1 milliard à 50 milliards.

Si l'agriculture se plaint, si l'agriculture souffre, reconnaissons qu'elle est dans son droit, reconnaissons qu'il y a beaucoup à faire pour elle.

L'Etat seul, disons-le bien haut, peut remédier à cet état de choses : lui seul dispose des ressources puissantes de la France, lui seul, en réunissant dans ses mains ces impôts payés par tous sous différentes dénominations, peut en rendre la répartition plus équitable, peut les employer à réparer des oublis dont il est temps de tenir compte.

L'Etat seul peut étendre l'instruction primaire en aidant les communes à la rendre gratuite ; lui seul a les moyens de multiplier les encouragements à l'agriculture, les fermes-écoles qui lui rendent de véritables services.

L'Etat seul peut hâter la présentation d'un code rural qui assoie le *Crédit agricole* sur des bases solides ; lui seul avec ses puissantes ressources peut favoriser la création d'une *Banque agricole* et mettre à sa disposition, sous le nom de prêts à l'agriculture, 200 millions, comme il l'a fait pour l'industrie.

L'Etat seul peut limiter cette sortie de numéraire, cette extravasation de notre richesse nationale qui, sous la protection du gouvernement, enlève à l'agriculture des sommes considérables, pour en faire profiter l'étranger.

L'Etat seul peut venir en aide aux communes, pour créer et entretenir nos chemins vicinaux qui épuisent sans résultats leurs ressources ordinaires.

L'Etat seul peut rappeler dans nos campagnes ces ouvriers sans nombre qui les ont quittées pour embellir les grandes villes, en y faisant exécuter de grands travaux d'utilité publique.

L'Etat seul peut, en émancipant les communes, rendre le séjour des campagnes agréable à tous ces propriétaires qui passent une vie oisive dans les villes, et qui répandent l'aisance autour d'eux par leur séjour dans leurs terres : lui seul peut les encourager en honorant leurs efforts et leurs travaux.

L'Etat seul, enfin, peut développer la représentation des intérêts agricoles, en appelant à siéger dans les conseils généraux, à la Chambre des députés, ses véritables représentants, ceux qui habitent nos campagnes, ceux surtout qui, voués à l'agriculture, connaissent ses besoins ; ceux-là seuls peuvent servir utilement ses intérêts.

Que l'Etat, s'inspirant des vœux de l'agriculture, veuille sincèrement l'aider dans la voie du progrès où elle est résolûment entrée : qu'il lui prête son concours, son appui, dont elle a un si grand besoin, et bientôt l'agriculteur ne se plaindra plus. Plus instruit, il aura la conscience de sa valeur, de ses droits, de ses devoirs ; ce ne sera plus l'homme abruti par un travail sans portée, faisant l'ouvrage de la bête de somme qu'il ne peut se procurer : il deviendra un ouvrier intelligent, dirigeant les forces mises à sa disposition par le capital.

Il ne produira plus, comme aujourd'hui, les denrées qui rendent le moins, parce qu'elles coûtent moins à produire, et qu'il lui manque des avances pour faire mieux : il produira pour les besoins du marché, n'importe à quel prix, pourvu que son travail et son capital trouvent un emploi utile. Enfin, quand le travail sera rémunérateur, l'ouvrier agriculteur reviendra, ne quittera plus les champs, où il trouve plus d'aisance, plus de bien-être, plus de bonheur que dans les villes.

Si l'enquête pouvait amener ces résultats, l'Empereur qui en a pris l'initiative, qui, depuis son avénement au trône, a tant fait pour l'agriculture, aurait acquis des droits sans bornes à notre reconnaissance.

P. TOCHON,

Ancien élève de Grignon,
Propriétaire-agriculteur, à la Motte-Servolex (Savoie).

2015 — Typ. A. Pouchet et Cie, place Saint-Léger, 29

www.ingramcontent.com/pod-product-compliance
Ingram Content Group UK Ltd.
Pitfield, Milton Keynes, MK11 3LW, UK
UKHW020534180726
13839UKWH00006B/2508